Annette Vowinckel

Die Entführung der Landshut 1977

Inhaltsverzeichnis

Einführung

Am 13. Oktober 1977 entführte ein vierköpfiges Terrorkommando eine Boeing 737 der Lufthansa auf dem Weg von Palma de Mallorca nach Frankfurt am Main. An Bord der Maschine, die den Namen der niederbayerischen Stadt Landshut trug, befanden sich 86 Passagiere, der Pilot und sein Copilot sowie drei Flugbegleiterinnen. Das Entführungskommando bestand aus vier Angehörigen einer Abspaltung der Popular Front for the Liberation of Palestine (PFLP): dem Anführer Zohair Youssif Akache (Deckname: Captain Mahmoud) sowie Souhaila Andrawes (Deckname: Soraya Ansari), Wabil Harb (Deckname: Riza Abbasi) und Hind Alameh (Deckname: Nadja Duaibes), die alle aus palästinensischen Familien stammten. Mit der Entführung wollten sie die Aufmerksamkeit der Medien auf die Lage der Palästinenserinnen und Palästinenser lenken und Forderungen nach der Gründung eines palästinensischen Staates bekräftigen. Konkret forderte die Gruppe, die eng mit linksterroristischen Gruppen in der Bundesrepublik vernetzt war, die Freilassung von elf Gefangenen Mitgliedern der linksterroristischen Rote Armee Fraktion (RAF) aus deutschen Gefängnissen, die Freilassung von zwei in der Türkei inhaftierten Mitstreitern sowie 15 Millionen US-Dollar Lösegeld.

Nachdem sie die „Landshut“ im französischen Luftraum in ihre Gewalt gebracht hatten, forderten die Entführer den Piloten auf, nach Larnaka auf Zypern weiterzufliegen. Bei einer ersten Zwischenlandung in Rom zum Auftanken entstanden auch die ersten Fotografien der gekaperten Maschine.

Von Zypern aus sollte die Maschine in den Libanon weiterfliegen, was aber daran scheiterte, dass der Flughafen von Beirut – ebenso wie diejenigen von Damaskus, Bagdad und Kuwait – gesperrt worden waren. Keines dieser Länder wollte

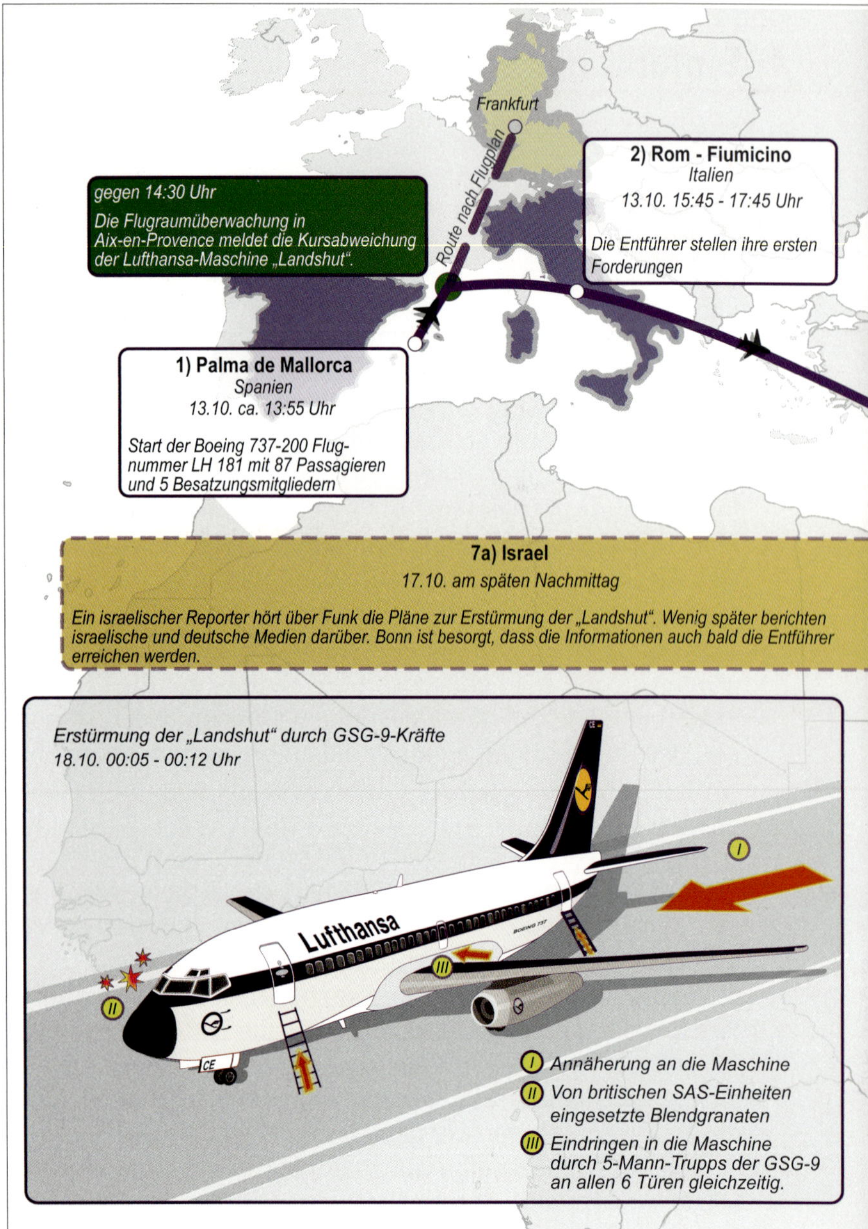
Frankfurt
Route nach Flugplan
gegen 14:30 Uhr
Die Flugraumüberwachung in Aix-en-Provence meldet die Kursabweichung der Lufthansa-Maschine „Landshut“.
2) Rom - Fiumicino
Italien
13.10. 15:45 - 17:45 Uhr
Die Entführer stellen ihre ersten Forderungen
1) Palma de Mallorca
Spanien
13.10. ca. 13:55 Uhr
Start der Boeing 737-200 Flugnummer LH 181 mit 87 Passagieren und 5 Besatzungsmitgliedern
7a) Israel
17.10. am späten Nachmittag
Ein israelischer Reporter hört über Funk die Pläne zur Erstürmung der „Landshut“. Wenig später berichten israelische und deutsche Medien darüber. Bonn ist besorgt, dass die Informationen auch bald die Entführer erreichen werden.
Erstürmung der „Landshut“ durch GSG-9-Kräfte
18.10. 00:05 - 00:12 Uhr
Lufthansa
I Annäherung an die Maschine
II Von britischen SAS-Einheiten eingesetzte Blendgranaten
III Eindringen in die Maschine durch 5-Mann-Trupps der GSG-9 an allen 6 Türen gleichzeitig.

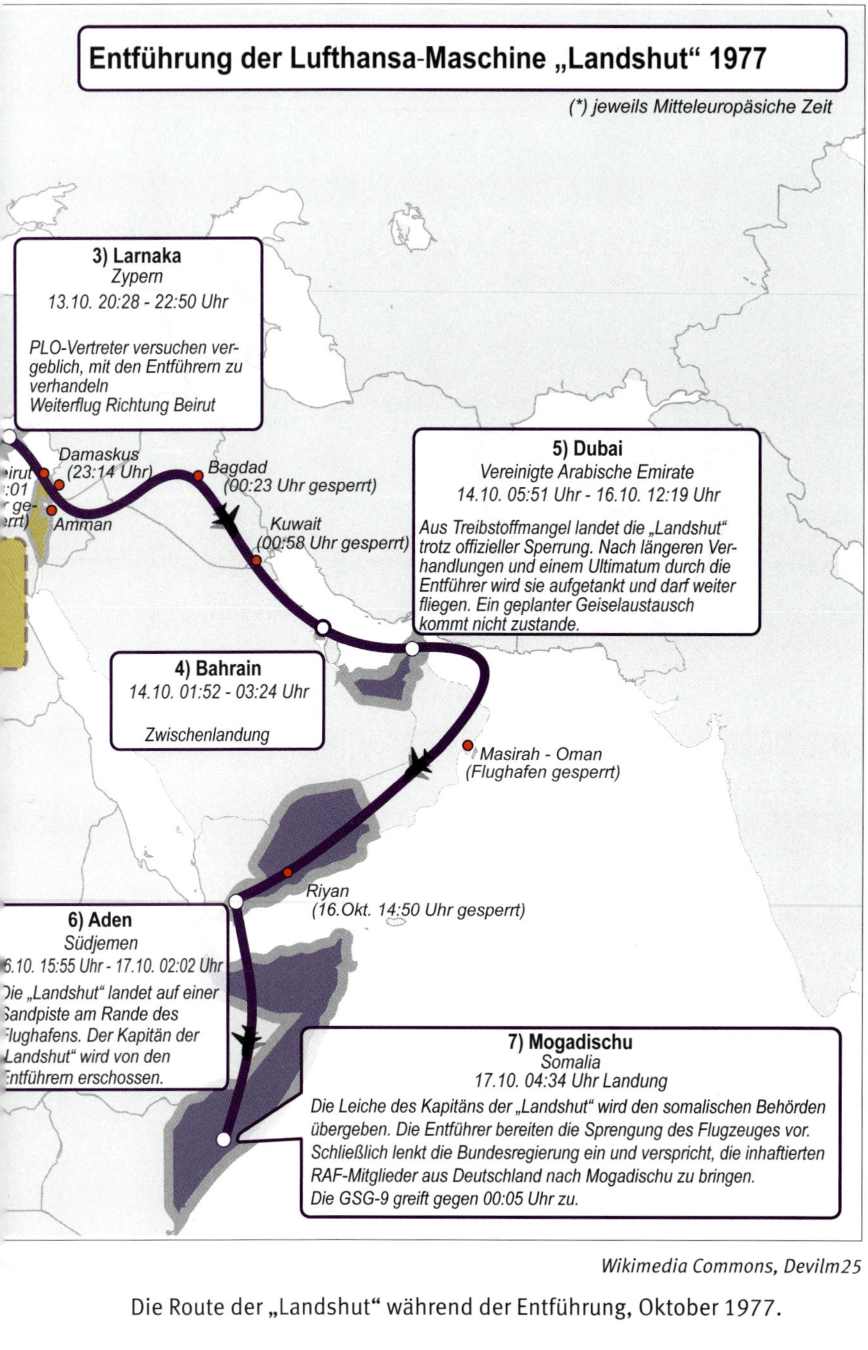

Wikimedia Commons, Devilm25

Die Route der „Landshut“ während der Entführung, Oktober 1977.

ullstein bild - AP 00967250

Die entführte Maschine der Lufthansa „Landshut“ bei einer Zwischenlandung auf dem Flughafen von Rom.

offen die Forderungen der Entführer unterstützen, und sie wollten vor allem auch nicht für die Lösung des Problems verantwortlich gemacht werden.

Ein Versuch der Leitung der Palästinensischen Befreiungsorganisation PLO, die Entführer zur Aufgabe zu bewegen, war bereits beim Zwischenstopp in Zypern gescheitert. In der Nacht auf den 14. Oktober landete die „Landshut“ mit fast leeren Tanks in Dubai, wo die zunächst gesperrte Landebahn kurzfristig wieder freigegeben wurde, um einen Absturz der Maschine abzuwenden. In Dubai wurde der Flugbegleiterin Gabriele Dillmann die zweifelhafte Ehre zuteil, von „Captain Mahmoud“ eine anlässlich ihres 28. Geburtstags bestellte Torte geschenkt zu bekommen.

Nachdem die Maschine in Dubai zwei Tage lang in der Gluthitze auf dem Rollfeld gestanden hatte, ging es am 16. Oktober weiter nach Aden im Südjemen, wo der Pilot Jürgen

AKG5436030

Einer der Entführer steht vor geöffneter Tür des entführten Flugzeugs auf dem Landefeld in Dubai.

Schumann die Maschine auf dem Sandstreifen neben der gesperrten Landebahn aufsetzte. Um das Fahrgestell zu inspizieren, verließ Schumann hier das Flugzeug, nahm Kontakt zum Kommandeur einer jemenitischen Sondereinheit auf und forderte, den Weiterflug der „Landshut" zu verhindern. Als Schumann nach einer Stunde in das Flugzeug zurückkehrte, wurde er vom Anführer des Entführungskommandos vor den Augen der übrigen Geiseln erschossen.

In der Nacht zum 17. Oktober 1977 startete Copilot Jürgen Vietor das aufgetankte Flugzeug erneut in Richtung Somalia, wo es in dem Morgenstunden auf dem Flughafen von Mogadischu landete. Hier wurde die Leiche des ermordeten Flugkapitäns über eine Notrutsche von Bord gelassen.

Derweil zogen sich die Verhandlungen zwischen Entführer*innen und der Bundesregierung über die Freilassung der RAF-Gefangenen in die Länge. Die in Stuttgart-Stammheim

SZ Photo 00129198

Nach der Landung in Mogadischu. Die Leiche des Flugkapitäns Schumann wird von Bord gelassen, 17. Oktober 1977.

einsitzenden RAF-Gefangenen sollten, so die Forderung, noch an diesem Tag freigelassen werden, andernfalls werde die „Landshut" mit den Passagieren an Bord in die Luft gesprengt. Unter dem Vorwand, man brauche Zeit, um den Austausch vorzubereiten und die Gefangenen in ein Land ihrer Wahl auszufliegen, konnte die Bundesregierung das Ultimatum bis 1:30 in der Nacht zum 18. Oktober verlängern. In dieser Zeit bereitete sich die GSG 9, ein Spezialkommando des Bundesgrenzschutzes, das der „Landshut" seit der Zwischenlandung in Larnaca folgte, auf eine Befreiungsaktion vor Ort vor. Am 18. Oktober um 0:05 Uhr stürmte die Einheit das entführte Flugzeug. Dabei wurden die Entführer Zohair Akache („Captain Mahmoud"), Wabil Harb und Hind Alameh erschossen, Souhaila Andrawes überlebte schwerverletzt. Alle Geiseln überlebten, alle Angehörigen der GSG 9 blieben unverletzt.

Bundesarchiv B 145 Bild-F051866-0010 Ludwig Wegemann

Rückkehr der befreiten Geiseln auf dem Flughafen Frankfurt, 18. Oktober 1977.

Die befreiten Geiseln wurden noch am gleichen Tag mit einer Lufthansa-Maschine nach Deutschland zurückgebracht und am Flughafen Frankfurt am Main feierlich in Empfang genommen. Ulrich Wegener, der Gründer der GSG 9 und Einsatzleiter in Mogadischu, wurde von Bundeskanzler Helmut Schmidt mit dem Bundesverdienstkreuz Erster Klasse ausgezeichnet.

Souhaila Andrawes wurde 1978 in Somalia vor Gericht gestellt und zu 20 Jahren Haft verurteilt und wenige Monate später in den Irak abgeschoben. 1991 erhielt sie politisches Asyl in Norwegen, wurde aber 1996 an die Bundesrepublik ausgeliefert und in Hamburg zu 12 Jahren Haft verurteilt, von denen sie aus gesundheitlichen Gründen nur fünf Jahre absaß.

AKG5436029

Ein Panzer der Vereinigten Arabischen Emirate vor der entführten Lufthansa Maschine in Dubai, 15. Oktober 1977.

Kommando „Martyr Halimeh": Die Vorgeschichte

Flugzeugentführungen waren seit den 1960er-Jahren weltweit an der Tagesordnung. In einer ersten Welle hatte es nach der Kubanischen Revolution von 1959 mehrere Geiselnahmen auf Strecken zwischen den USA und Kuba sowie nach dem Mauerbau von 1961 zwischen Ost- und Westeuropa gegeben. In der Folge des Sechstagekriegs von 1967, mit dem Israel zur Besatzungsmacht im Gazastreifen, im Westjordanland, auf den syrischen Golanhöhen und auf der ägyptischen Halbinsel Sinai geworden war, häuften sich zudem Vorfälle im Nahen Osten bzw. unter Beteiligung radikaler palästinensischer Gruppierungen.

In diesem Fall hatte sich das Entführungskommando unter anderem die palästinensische Aktivistin Leila Khaled zum Vorbild genommen, die in den Jahren 1969 und 1970 an zwei von der PFLP durchgeführten Flugzeugentführungen beteiligt gewesen war. Bei der zweiten dieser Aktionen wurde sie verhaftet, anschließend aber durch eine weitere Flugzeugentführung freigepresst und war dadurch zu einer Art Märtyrerfigur geworden – nicht zuletzt deshalb, weil sie sich nach dem ersten Auftreten zwecks besserer Tarnung einer Gesichtsoperation unterzogen hatte. Sie gerierte sich, ähnlich wie Ernesto „Che" Guevara in Lateinamerika, als Ikone einer anti-imperialistischen Bewegung, die auch in der europäischen Linken viel Anklang fand.

Die unmittelbare Vorgeschichte der Ereignisse von Mogadischu bestand indes in einem Akt der Luftpiraterie, der von zwei Angehörigen der deutschen Revolutionären Zellen, Wilfried Böse und Brigitte Kuhlmann, ein Jahr zuvor in Kooperation mit der PFLP geplant worden war. Am 27. Juni hatten sie zusammen mit zwei Angehörigen der PFLP eine Air France-Maschine mit 250 Menschen an Bord nach Entebbe in Uganda entführt. In diesem Fall hatte das insgesamt vierköpfige Entführungskommando ähnliche Forderungen gestellt, nämlich die Freilassung von 53 Gefangenen, mehrheitlich Mitglieder der PFLP bzw. der Al-Fatah, der RAF und der Bewegung 2. Juni, aus deutschen und israelischen Gefängnissen. Diese Entführung wurde in der Nacht auf den 4. Juli 1976 von einem

ullstein bild dpa 00234763

Der entführte Arbeitgeberpräsident Hanns Martin Schleyer unter dem Logo der RAF: Commando Siegfried Hausner und Martyr Halimeh, Oktober 1977.

Spezialkommando der israelischen Armee im Flughafengebäude von Entebbe beendet, in dem sich die Geiseln seit ihrer Ankunft aufhielten. Dabei starben drei Geiseln, 45 ugandische Soldaten und der Einsatzleiter Yonathan Netanyahu, ein Bruder des späteren israelischen Regierungschefs Benyamin Netanyahu. Alle Angehörigen des Terrorkommandos wurden erschossen, auch die unter dem Decknamen „Halima" agierende Brigitte Kuhlmann. Sie wurde ein Jahr später zur Namensgeberin des Kommandos „Martyr Halimeh", das für die Entführung der „Landshut" verantwortlich zeichnete und auf das sich gleichzeitig die Entführer des Arbeitgeberpräsidenten Hanns-Martin Schleyer bezogen.

Die Befreiungsaktion der israelischen Armee in Entebbe wurde vor Ort von Ulrich Wegener begleitet, dem Chef der nach dem Anschlag auf die Münchner Olympischen Spiele von 1972 gegründeten GSG 9. Als diese im Folgejahr die „Landshut" stürmte, konnte Wegener also schon auf praktische Erfahrungen im Einsatz gegen Terrorkommandos zurückgreifen.

Sowohl hinter der Entführung einer Air France-Maschine nach Entebbe im Juni 1976 als auch hinter der Entführung der „Landshut" nach Mogadischu steckte der Kopf der PFLP, Wadi Haddad, ein palästinensischer Arzt, der 1948 als Jugendlicher mit seinen Eltern aus Safed im Norden des eben gegründeten Staates Israel in den Libanon geflüchtet war. Von dort aus hatte Haddad zusammen mit George Habasch die Arab Nationalist Movement (ANM) und später die PFLP gegründet, die sich durch die Nichtanerkennung Israels und die Durchführung militanter Angriffe auf den jüdischen Staat profilierte. Bereits 1970 war Haddad vom KGB als Agent angeworben worden. In Zeiten des Kalten Kriegs versprach sich die Führung der Sowjetunion davon, mehr Einfluss auf die Entwicklungen der arabischen Seite im Nahostkonflikt nehmen zu können. 1976 wurde Haddad wegen der gescheiterten Entebbe-Entführung aus der PFLP ausgeschlossen und gründete die PFLP-EO („External Operations"), die für die Entführung der Landshut verantwortlich zeichnete. Dem israelischen Geheimdienst

Mossad waren Haddads Pläne vermutlich bekannt. Von einer Intervention sah der Geheimdienst jedoch ab, um einen Informanten im Umfeld Haddads zu schützen. 1978 starb Haddad in Ost-Berlin an den Folgen einer Vergiftung, hinter der der israelische Geheimdienst vermutet wird.

Akteurinnen und Akteure

Zu den an der Flugzeugentführung beteiligten Akteur*innen gehörten neben den Angehörigen des Terrorkommandos der Pilot Jürgen Schumann, der Copilot Jürgen Vietor, drei Flugbegleiterinnen, über 80 Passagiere, die Mitglieder der GSG 9-Einheit unter Leitung von Ulrich Wegener sowie verschiedene Politiker. Die tragischste Figur ist Jürgen Schumann, der nach der Zwischenlandung der „Landshut" in Dubai versucht hatte, Kontakt zu lokalen Akteuren aufzunehmen und der dafür mit dem Leben bezahlte. Schumann wurde im hessischen Babenhausen beigesetzt und erhielt posthum das Bundesverdienstkreuz 1. Klasse, das sonst nur an lebende Personen vergeben wird.

Sein Copilot Jürgen Vietor übernahm nach Schumanns Tod die Steuerung der „Landshut" und brachte sie trotz der Schäden am Fahrgestell infolge der Landung auf einer Schotterpiste in Aden heil zur letzten Station der fünftägigen Odyssee. Er ist auf einigen der Fotos zu sehen, die bei der Ankunft der befreiten Geiseln in Frankfurt gemacht wurden.

Wie Schumann wurde Vietor mit dem Bundesverdienstkreuz 1. Klasse ausgezeichnet. Er gab diese Auszeichnung 2008 zurück, als bekannt wurde, dass der zu mehrfach lebenslanger Haftstrafe verurteilte RAF-Angehörige Christian Klar infolge eines Gnadengesuchs aus der Haft entlassen werden sollte.

Die bekannteste Flugbegleiterin an Bord der „Landshut" war Gabriele Dillmann, der „Engel von Mogadischu". Sie zeichnete sich durch ihr mutiges Auftreten und ihre beherzten Vermittlungsversuche aus, vor allem durch einen kurz vor der Befreiung der Geiseln an die zuständigen Politiker in der Bundesrepublik gerichteten Appell, die Menschen an Bord durch einen Gefangenenaustausch aus ihrer Notlage zu befreien und ihr Überleben zu sichern. Auf dem Foto vom Empfang der

Bundesregierung, B 145 Bild-00014449, Ludwig Wegmann

Bundeskanzler Helmut Schmidt empfängt Befreite und Befreier im Bundeskanzleramt.

Geiseln in Frankfurt sitzt sie im Rollstuhl, weil sie während der Befreiungsaktion durch eine Handgranate der Entführer am Bein verletzt wurde. Nach der Entführung der Landshut gab sie ihren Beruf auf, begann 1984 ein Studium an der Kunsthochschule Straßburg und ist heute als Künstlerin aktiv. Sie heiratete den Lufthansa-Piloten Rüdeger von Lutzau, der 1977 als Copilot die GSG 9-Truppe nach Mogadischu geflogen hatte, und heißt seither Gabriele von Lutzau.

Die meisten der 86 Passagiere der Landshut traten namentlich nicht in der Öffentlichkeit in Erscheinung.

Zu ihnen gehörte die vollständige Besatzung eines spanischen Charterflugzeugs, ferner elf deutsche Frauen, die 1977 einen Schönheitswettbewerb und als Preis einen einwöchigen Urlaub auf Mallorca gewonnen hatten. Im Oktober 2017 brachte der Fernsehsender phoenix eine 45-minütige Dokumentation über die ehemaligen Geiseln, in der auch die ehemaligen Schönheitsköniginnen Jutta Knauf, Beate Keller und

Diana Müll zu Wort kamen. Im gleichen Jahr veröffentlichte Diana Müll ein autobiografisches Buch über ihre Erlebnisse.

Ein literarisches Denkmal setzte der Schriftsteller Christian Delius den in der Landshut gefangenen Passagieren. In *Mogadischu Fensterplatz*, dem zweiten Teil der Romantrilogie *Deutscher Herbst*, beschrieb er auf der Grundlage von Zeugenberichten die Lage der in der Boeing 737 gefangenen Menschen, die nicht nur Angst um ihr Leben hatten, sondern auch unter den katastrophalen Bedingungen an Bord litten. Nach der Zwischenlandung in Dubai am 14. Oktober war infolge von Kerosinmangel die Klimaanlage ausgefallen, was zu einem Anstieg der Innentemperatur bis zu 50 Grad Celsius führte. Die hygienischen Bedingungen waren katastrophal. Über einen Zeitraum von fünf Tagen konnten sich die Geiseln kaum bewegen, geschweige denn waschen oder medizinische Hilfe in Anspruch nehmen. Die Folge waren Durchblutungsstörungen, Kreislaufprobleme und schwere psychische Belastungen – nicht zuletzt durch die im Flugzeuggang liegende Leiche des Flugkapitäns, die zwei Passagiere schließlich auf Anordnung der Entführer in einem Schrank „verstauen“ mussten. Kurz vor dem Einsatz der GSG 9 hatten die Entführer ihre Geiseln zudem mit Alkohol übergossen, um dem Szenario einer Sprengung der Maschine ein zusätzliches Bedrohungspotenzial zu verleihen.

Auf Seiten der Bundesregierung profilierte sich in den fünf Tagen der Entführung neben Bundeskanzler Schmidt vor allem Staatsminister Hans-Jürgen Wischnewski, der seine guten Kontakte in die arabische Welt nutzte, um jeweils vor Ort mit den zuständigen Akteuren zu verhandeln. Er wurde dafür mit dem Spitznamen „Ben Wisch“ bedacht.

Zu den Verhandlungspartnern im arabischen Raum gehörten unter anderem der Präsident der Vereinigten Arabischen Emirate und sein Verteidigungsminister Scheich Mohammad Bin Rashid, der versuchte, die Entführer zur Freilassung wenigstens der kranken Passagiere und der Kinder zu bewegen.

Die politische Verantwortung für die Verhandlungen trug Bundeskanzler Helmut Schmidt, der noch am Tag der

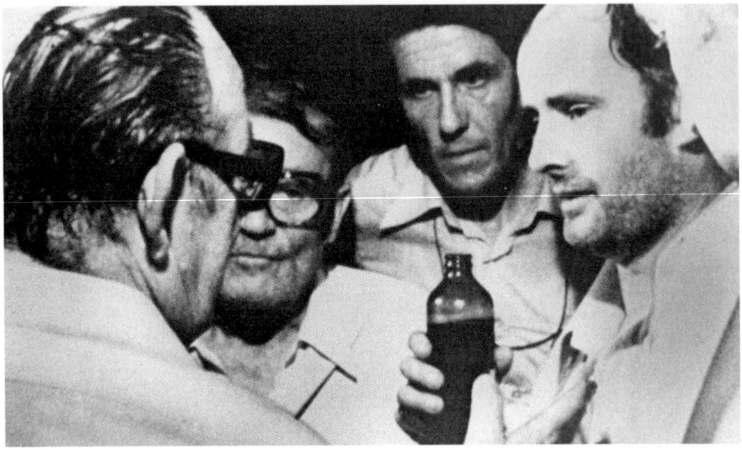

SZ Photo 02308891

Hans-Jürgen Wischnewski im Gespräch mit dem Co-Piloten der „Landshut“ in Mogadischu, 18. Oktober 1977.

Entführung einen Krisenstab einrichtete und sich auf den Standpunkt stellte, dass man den Forderungen der Entführer nicht nachgeben dürfe. Er stand dabei noch unter dem Eindruck der Entführung des Berliner CDU-Politikers Peter Lorenz im Februar 1975 durch Angehörige der linken Bewegung 2. Juni. Diese Entführung war mit der Freilassung von sechs Terroristen aus bundesdeutschen Gefängnissen zu Ende gegangen. Schmidt vertrat die Ansicht, dass man durch solches Nachgeben zu Nachahmungstaten geradezu einlade und dass der Staat sich von Terroristen unter keinen Umständen in die Knie zwingen lassen dürfe. Die Verhandlungen der Bundesregierung mit den Entführern der „Landshut“ waren deshalb eher Scheinverhandlungen mit dem Ziel, Zeit für eine gewaltsame Befreiung der Geiseln zu gewinnen. Für den Fall eines Fehlschlags in Mogadischu mit mehreren Toten hatte der Bundeskanzler bereits eine Rücktrittserklärung verfasst, die er nach der erfolgreichen Befreiungsaktion vernichtete.

Die Tötung Hanns-Martin Schleyers und die Selbstmorde in Stammheim

Nachdem die Nachricht von der Befreiung der Geiseln in Deutschland bekannt wurde, nahmen sich die in Stuttgart-Stammheim inhaftierten RAF-Angehörigen Andreas Baader, Jan-Carl Raspe und Gudrun Ensslin in ihren Zellen das Leben. Irmgard Möller überlebte einen Selbstmordversuch schwer verletzt. Der seit dem 5. September 1977 von einem RAF-Kommando als Geisel gehaltene Arbeitgeberpräsident Hanns-Martin Schleyer wurde am 18. Oktober, also am Tag der Befreiung der „Landshut", im französisch-belgischen Grenzgebiet erschossen, seine Leiche wurde am folgenden Tag im französischen Mulhouse im Kofferraum eines Autos entdeckt.

Die Abfolge dieser Ereignisse, die mit der Schleyer-Entführung begonnen hatte und mit dem GSG 9-Einsatz in Mogadischu sowie dem Tod der Stammheimer Gefangenen endete, ist als „Deutscher Herbst" in die Geschichte eingegangen. Er markiert das Ende einer Etappe der Konfrontation zwischen dem liberalen Rechtsstaat und einer radikalen linken Bewegung, deren Verankerung in verschiedenen sozialen Bewegungen stetig nachgelassen hatte.

Die Ursachen dieser Konfrontation können unter verschiedenen Stichworten nur knapp zusammengefasst werden. Sie reichen von mangelnder Aufarbeitung der NS-Vergangenheit und einem daraus resultierenden Generationenkonflikt über illiberale staatliche Maßnahmen wie den Erlass der Notstandsgesetze durch die große Koalition (1968) und das Aufkommen einer sich schnell radikalisierenden Studentenbewegung bis zur Verschärfung internationaler Konflikte, vor allem des Vietnamkriegs, mit der Folge antiimperialistischer und antiamerikanischer Positionierungen der westdeutschen Linken.

Mit der Befreiung der „Landshut“ ging ein Jahrzehnt der Konfrontation zwar nicht über Nacht zu Ende, doch veränderten sich die Bedingungen, unter denen der bewaffnete Kampf organisiert wurde. Die sogenannte Zweite Generation der RAF ging in den Untergrund und verschwand in der Anonymität, der Rechtsstaat sah sich in seiner Macht gestärkt und eines breiten Rückhalts in der Bevölkerung versichert. Bundeskanzler Helmut Schmidt hatte sich als mutiger und entschlossener Staatsmann profiliert, der dem internationalen Terrorismus die Stirn bot. Die RAF dagegen war mit ihrem Versuch, die staatliche und wirtschaftliche Ordnung in Deutschland zu verändern, auf ganzer Linie gescheitert.

Die Folgen des „Deutschen Herbstes“

Die Serie der von der RAF verübten Anschläge riss auch nach dem Deutschen Herbst nicht ab. Es folgte 1979 ein gescheiterter Anschlag auf Alexander Haig, den Oberbefehlshaber der NATO in Europa und 1981 ein Anschlag auf das Hauptquartier der US-Luftwaffe in Ramstein mit 14 Verletzten. Mitte der 1980er-Jahre übernahm die sogenannte Dritte Generation der RAF das Ruder, nachdem zahlreiche Mitglieder der Zweiten Generation entweder in den Nahen Osten oder in die DDR umgesiedelt oder verhaftet worden waren. Auf das Konto der Dritten RAF-Generation gingen tödliche Anschläge unter anderem auf den Siemens-Manager Karl Heinz Beckurts, den Diplomaten Gerold von Braunmühl (beide 1986), den Vorstandsvorsitzenden der Deutschen Bank Alfred Herrhausen (1989) und den Präsidenten der Treuhandanstalt Detlev Carsten Rohwedder (1991). Mangels charismatischer Figuren entwickelte sich die RAF indes zu einer Art Phantom, das die gesellschaftliche Verankerung der frühen Jahre verloren hatte. Nach dem Mauerfall wurde die Identität von zehn in die DDR übergesiedelten RAF-Aussteigern aufgedeckt, acht von ihnen wurden in der Folge zu mehrjährigen Haftstrafen verurteilt. 1998 löste sich die Gruppierung mit einem offiziellen Schreiben selbst auf.

Die von Wadi Haddad mit gegründete PFLP besteht bis heute fort, hat aber in der palästinensischen Gesellschaft infolge des Aufstiegs islamischer Kräfte seit den 1990 massiv an Einfluss verloren. Helmut Schmidt wurde im Oktober 1980 als Bundeskanzler wiedergewählt, schied jedoch 1982 nach einem von der Unionsfraktion und der FDP angestrengten Misstrauensvotum aus dem Amt. Was er an Popularität durch die Befreiung der „Landshut“ gewonnen hatte, büßte er in den erbitterten Auseinandersetzungen um die Stationierung US-amerikanischer Atomwaffen infolge des NATO-Doppelbeschlusses von 1979 wieder ein.

Wikipedia, U.S. Air Force photo

Bombenanschlag auf das Hauptquartier der US-Luftstreitkräfte in Europa am 31. August 1981.

Verfilmungen: *Todesspiel* (1997) und *Mogadischu* (2008)

Das mediale Interesse an der Entführung der „Landshut" war von Anfang an außerordentlich groß. Während der fünftägigen Odyssee im Oktober 1977 wurde trotz einer von der Regierung verhängten Nachrichtensperre mehrmals täglich über die Ereignisse berichtet, wobei neben den sprachlichen Nachrichten auch Bilder eine zentrale Rolle spielten. In der Tagesschau vom 14., 15., 16. und 17. Oktober zum Beispiel waren im Hintergrund ein Foto von Hanns-Martin Schleyer und eine von dem AP-Fotografen Harry Koundakjian in Dubai gemachte Aufnahme, die Zohair Akache alias „Captain Mahmoud" in der offenen Flugzeugtür im Gespräch mit einer am Boden stehenden Person zeigt.

20 Jahre später wurden die Ereignisse von Heinrich Breloer in dem Dokudrama *Todesspiel* verfilmt. Am 15. Juni 1997 wurde der Zweiteiler erstmals auf arte gesendet und erzielte außergewöhnlich hohe Einschaltquoten.

Der erste Teil erzählt die Entführung Hanns-Martin Schleyers und endet mit der Entführung der „Landshut", der zweite Teil behandelt detailliert die Ereignisse an Bord der entführten Maschine sowie die Bemühungen zu deren Befreiung. Das Fernsehspiel wurde von der Kritik hoch gelobt und mit Preisen überhäuft, unter anderem mit dem Bambi, dem Goldenen Löwen und dem Bayerischen Fernsehpreis sowie einer Goldenen Kamera für Hans Brenner in der Rolle des entführten Arbeitgeberpräsidenten.

2008 wurde der Stoff in dem Dokudrama *Mogadischu* erneut Gegenstand einer Fernsehproduktion unter der Regie von Roland Suso Richter. Zeitgleich entstand der Dokumentarfilm

Picture alliance/AP/Harry Koundaijan 40042827

Eine am Boden stehende Person hebt ihre Arme, um dem Entführer zu zeigen, dass sie unbewaffnet ist.

Mogadischu – Die Dokumentation nach einem Drehbuch von Maurice Philip Remy. Bei seiner Erstausstrahlung im November 2008 auf ARD erzielte auch dieses Dokudrama eine Einschaltquote von 21,2 Prozent bzw. 7,34 Millionen Zuschauern (das war etwas weniger als die Tagesschau mit durchschnittlich 8,74 Millionen Zuschauern im gleichen Jahr). Wie schon Breloers *Todesspiel* wurde *Mogadischu* von der Kritik gelobt und mit einer Goldenen Kamera, dem Bayerischen Fernsehpreis und dem Deutschen Fernsehpreis prämiert.

Eher am Rande spielt die Entführung der „Landshut" in dem Dokudrama *Der Baader Meinhof Komplex* eine Rolle, der 2008 von Uli Edel und Bernd Eichinger als Kinofilm produziert wurde. Hier markiert die Befreiung das Ende des Deutschen Herbstes, wird aber nicht im Detail nachgestellt. An zwei dieser Filme wirkte die Schauspielerein Nadja Uhl mit: Im *Baader Meinhof Komplex* spielte sie die RAF-Terroristin Brigitte

imago 0090922530

Szenenbild aus dem Fernsehfilm *Todesspiel*: Nabil (Cuco Wallraff) bedroht Jürgen Schuhmann (Matthias Freihof).

imago 0090922529

Todesspiel: Stewardess Gaby Dillmann (Susanne Schäfer) wird von der Entführerin Souheila Andrawes (Nezuket Selbus) gefesselt.

Mohnhaupt, in *Todesspiel* die Gegenperspektive in Person der Flugbegleiterin Gabriele Dillmann.

Alle diese Filme können als Indikator dafür dienen, dass die Ereignisse von 1977 auch Jahrzehnte später noch Interesse generieren. Dieses Interesse verbindet die Entführung der „Landshut" vor allem mit der oben beschriebenen Entführung einer Air France-Maschine nach Entebbe im Juni 1976. Auch diese Ereignisse wurden mehrfach in Form eines Dokudramas verfilmt, unter anderem von dem israelischen Regisseur Menahem Golan mit Klaus Kinski in der Rolle des deutschen Terroristen Wilfried Böse. Die jüngste dieser Verfilmungen, *Sieben Tage in Entebbe* mit Daniel Brühl als Hauptfigur, kam 2018 in die Kinos und wurde bei der Berlinale außerhalb der Konkurrenz uraufgeführt.

Geschichtspolitik: Die Rückkehr der Landshut nach Deutschland

Ein Nachspiel haben die Ereignisse von 1977 in den Bemühungen, die Überreste des als „Landshut“ bekannten Flugzeugs in die Bundesrepublik zurückzuholen. Die Boeing 737, Anfang 1970 von der Lufthansa in Betrieb genommen, wurde nach der Entführung wieder instandgesetzt und weiter im Flugverkehr eingesetzt. 1985 wurde sie verkauft und von verschiedenen Fluggesellschaften weiter genutzt, zuletzt von der brasilianischen TAF Linhas Aéreas, von der sie 2008 nach 38 Jahren ausrangiert wurde. Anschließend wurde sie auf dem Flugfeld der nordbrasilianischen Stadt Fortaleza geparkt, bis sie 2017 nach längeren Debatten von der Bundesregierung für

imago 0077384460

Die Boeing 737-200 auf dem nordbrasilianischen Flugfeld Fortaleza, Februar 2017.

20.000 Euro gekauft wurde. Sie wurde in mehrere Teile zerlegt und mit zwei großen Transportmaschinen nach Friedrichshafen gebracht, wo sie in die Sammlung des Dornier-Museums integriert werden sollte.

Der Plan war, materiell den Zustand wieder herzustellen, in dem die „Landshut“ 1977 zum Schauplatz der hier beschriebenen Ereignisse wurde. Fortan sollte sie als Erinnerungs- und Lernort dienen, an dem zum Beispiel Schulklassen mit den historischen Hintergründen vertraut gemacht werden könnten. Kritiker halten die notwendigen Investitionen für unverhältnismäßig, während Befürworter auf den pädagogischen und geschichtspolitischen Mehrwert verweisen, der durch die Nutzung des Originalflugzeugs erzielt werden kann.

Mit der Einführung von Metalldetektoren an den meisten internationalen Flughäfen ging die Zeit der Flugzeugentführungen Ende der 1970er-Jahre langsam zu Ende. Für potenzielle Luftpiraten wurde es immer schwieriger, Waffen an Bord zu schmuggeln. Eine weitere Verschärfung bei den Sicherheitsvorkehrungen gab es nach dem Anschlag auf das World Trade Center am 11. September 2001. Seither gibt es an Bord von Flugzeugen kaum mehr metallenes Besteck, im Handgepäck keine Feuerzeuge und Wasserflaschen mehr, und ein Besuch im Cockpit ist undenkbar geworden. Im kulturellen Gedächtnis der Bundesrepublik nimmt „Mogadischu“ als Chiffre für den Sieg über ein brutales Terrorkommando indes einen besonderen Platz ein.

Mit dem Deutschen Herbst ging ein Jahrzehnt bundesrepublikanischer Geschichte zu Ende, das von Kämpfen um soziale Gerechtigkeit, um die Aufarbeitung der NS-Vergangenheit und die Beendigung kolonialer Gewalt ebenso geprägt war wie vom Terrorismus der Roten Armee Fraktion und ihrer internationalen Verbündeten.

Literatur

Friedrich Christian Delius: *Mogadischu Fensterplatz* (Roman), Reinbek bei Hamburg: Rowohlt 1987

Tim Geiger: *Die „Landshut" in Mogadischu. Das außenpolitische Krisenmanagement der Bundesregierung angesichts der terroristischen Herausforderung 1977*, in: Vierteljahrshefte für Zeitgeschichte 57 (2009), Heft 3, S. 413–456

Günther Giesenfeld: *„Trauma Mogadischu"*, in: Blätter für deutsche und internationale Politik 42 (1997), Nr. 11, S. 1379

Timo Kortner: *Mogadischu. Das Entführungsdrama der Landshut*, München: Knaur 2008

Martin Rupps: *Die Überlebenden von Mogadischu*, Berlin: Suhrkamp 2012

Anne Siemens (Hg.): *Für die RAF war er das System, für mich der Vater. Die andere Geschichte des deutschen Terrorismus*, München u. a.: Piper 2. Aufl. 2007

Thomas Skelton-Robinson: *„Im Netz verheddert. Die Beziehungen des bundesdeutschen Linksterrorismus zur Volksfront für die Befreiung Palästinas (1969–1980)"*, in: Wolfgang Kraushaar (Hg.), Die RAF und der linke Terrorismus, 2 Bde., Hamburg 2006, S. 828–904

Annette Vowinckel: *Flugzeugentführungen. Eine Kulturgeschichte*, Göttingen: Wallstein 2011

Annette Vowinckel: *„Terror als Doku-Soap. Die Flugzeugentführungen von Entebbe und Mogadischu in Film und Fernsehen"*, in: Frank Bösch, Manuel Borutta (Hg.), Die Massen bewegen: Medien und Emotionen in der Moderne, Frankfurt/Main [u. a.]: Campus-Verl. 2006, S. 287–306

Hans-Jürgen Wischnewski: *Mit Leidenschaft und Augenmaß*, München: Bertelsmann 1989